BEI GRIN MACHT SICH IHR WISSEN BEZAHLT

- Wir veröffentlichen Ihre Hausarbeit, Bachelor- und Masterarbeit

- Ihr eigenes eBook und Buch - weltweit in allen wichtigen Shops

- Verdienen Sie an jedem Verkauf

Jetzt bei www.GRIN.com hochladen und kostenlos publizieren

Felix Kasten

Numerische Integration. Ausarbeitung zum numerischen Praktikum

GRIN Verlag

Bibliografische Information der Deutschen Nationalbibliothek:

Die Deutsche Bibliothek verzeichnet diese Publikation in der Deutschen National-
bibliografie; detaillierte bibliografische Daten sind im Internet über http://dnb.d-
nb.de/ abrufbar.

Impressum:

Copyright © 2010 GRIN Verlag GmbH
Druck und Bindung: Books on Demand GmbH, Norderstedt Germany
ISBN: 978-3-656-37515-9

Dieses Buch bei GRIN:

http://www.grin.com/de/e-book/209477/numerische-integration-ausarbeitung-zum-
numerischen-praktikum

Universität Rostock

Institut für Mathematik

Winter 2009/10

Mathematisches Praktikum

Thema 1: Numerische Integration

bearbeitet von Felix Kasten

Die klassische Methode zur numerischen Berechnung von Integralen stellen Quadraturformeln dar. Eine weitere Möglichkeit Integrale numerisch zu bestimmen, sind Lösungsverfahren für Anfangswertprobleme. Formen Sie dazu ein gegebenes Integral in ein geeignetes Anfangswertproblem um. Lösen Sie die resultierenden Anfangswertprobleme mit einem selbstprogrammierten klassischen Runge-Kutta Verfahren. Verwenden Sie alternativ dazu die MATLAB-Routine ode45.

Als ein Beispiel kann das Integral

$$\int_0^1 \frac{dx}{1+x^2}$$

dienen. Vergleichen Sie das Ergebniss mit dem der Gauß-Quadratur bzw. der analytischen Lösung. Geben Sie Ergebnisse für weitere selbstgewählte Beispiele an.

Inhaltsverzeichnis

1 Einleitung

In diesem Praktikumsbericht sollen theoretische Grundlagen der numerischen Integration aufgezeigt werden, die maßgeblich an der Lösung der Aufgabe beteiligt sind. Hierfür ist es von Bedeutung, grob auf die Verfahren für die numerische Integration einzugehen und anschließend zu erläutern, wie man mit Hilfe weniger Umformungen des Integrals in ein Anfangswertproblem dieses mittels des Runge- Kutta Verfahrens lösen kann. In diesem Zusammenhang soll auch die MATLAB- Routine *ode*45 beschrieben werden. An die Vorbetrachtungen schließt sich die Erklärung der Implementierung an. Dies soll aber nicht nur die Darstellung des Programmcodes beinhalten, sondern auch auf Schwierigkeiten, die bei der Bearbeitung aufgetreten sind, eingehen. Die Gauß[1]- Quadratur wird zum einen in einfacher Form, zum anderen mittels der Legendre[2]- Polynome durchgeführt. Die so entstehenden Werte werden zusammen mit dem Ergebnis des implementierten klassischen Runge[3]- Kutta[4]- Verfahrens mit dem analytischen Wert und dem Wert der MATLAB- Routine *ode*45 verglichen.

Es soll also ein Vergleich der Verfahren erfolgen, in dem dann die verschiedenen Methoden und die aus ihnen gewonnenen Ergebnisse, insbesondere mit der analytischen Lösung, verglichen werden. Abschließend wird eine Schlussfolgerung aus dem Praktikum gezogen. Hierbei sollen persönliche Eindrücke erläutert werden.

Die Numerischen Integrationsverfahren, auch Quadraturverfahren genannt, dienen dazu, Integrale von Funktionen, an deren Stammfunktion man nur unter enormen Aufwand gelangt, mit einer vorgegebenen Genauigkeit zu approximieren. Dies erfolgt oft durch Substitution viel einfacherer Funktionen. Die Genauigkeit richtet sich nach Art des Verfahrens. Im Vergleich werden die Verfahren, die implementiert wurden, unter anderem nach diesem Kriterium diskutiert.

Von Vorteil ist es, wenn man solche Methoden für simple Funktionsbeispiele testet und mit der analytischen Lösung vergleicht. In Folge dessen, kann man auftretende, große Abweichungen verbessern, wie es zum Beispiel bei der Quadratur mit der einfachen Gauß- Formel der Fall ist. Die gegebene Funktion, auch Runge-Funktion genannt, ist daher gut geeignet für solch einen Vergleich, denn die analytische Lösung ist ohne großen Aufwand berechnet.

$$\int_0^1 \frac{dx}{1 + x^2} = \arctan(1) - \arctan(0) = \arctan(1) \approx 0.7853981635$$

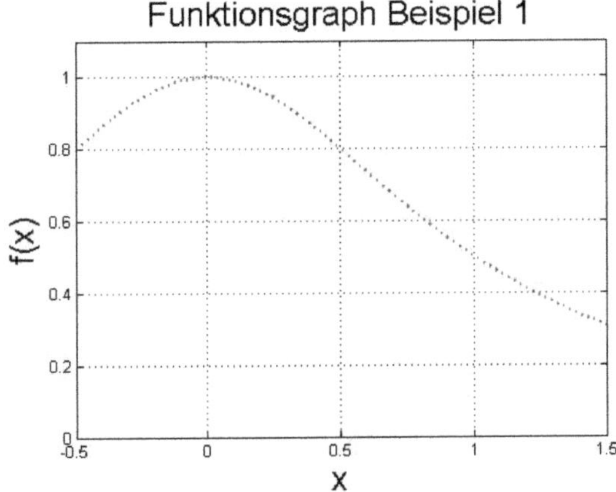

Abbildung 1: Darstellung des ersten Beispiels

[1]Carl Friedrich Gauß, 1777 - 1855, deutscher Mathematiker, Astronom und Physiker
[2]Adrien- Marie Legendre, 1752 - 1833, französischer Mathematiker
[3]Carl Runge, 1856 - 1927, deutscher Mathematiker
[4]Wilhelm Kutta, 1867 - 1944, deutscher Mathematiker

Des weiteren werden folgende Beispiele berechnet:
Beispiel 2:

$$\int_0^1 \sin(x)dx = -\cos(1) + \cos(0) = -\cos(1) + 1 \approx 0,459697694$$

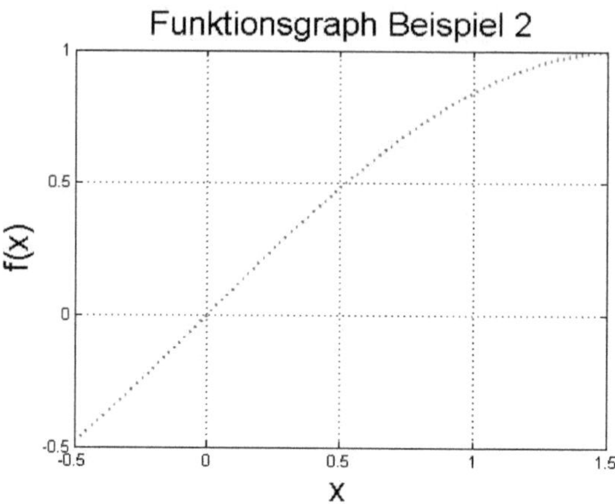

Abbildung 2: Darstellung des zweiten Beispiels

Beispiel 3:

$$\int_0^1 e^x dx = e - 1 \approx 1,718281828$$

Zudem werden auch Differentialgleichungen berechnet, um explizit den Vergleich zwischen $ode45$ und dem Runge- Kutta- Verfahren zu ermöglichen.
Beispiel 4:

$$y' = x^{1/2} - y(x)^{1/2}$$

mit dem Anfangswert $y_0 = 1$. Gesucht ist dabei y_1. Dieser Wert beträgt $0,768207269822445$.
Beispiel 5:

$$y' = \frac{1}{8}xy(x)$$

mit dem Anfangswert $y_0 = 2$. Hierbei ist y_3 gesucht. Das Ergebnis lautet: $y_3 = 3,510109314302464$.

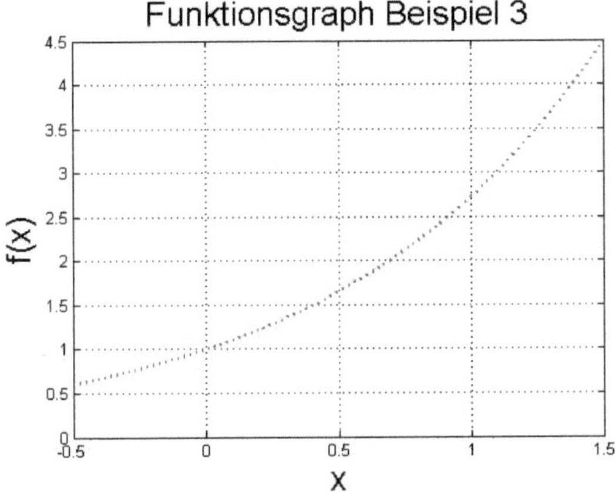

Abbildung 3: Darstellung des dritten Beispiels

2 Vorbetrachtungen

Es gilt, die einzelnen Verfahren, die in der Aufgabe angesprochen wurden, näher zu erläutern. Zur Veranschaulichung wird das gegebene Beispiel genutzt. Es ist eine reellwertige Funktion gegeben. Gesucht ist ein Näherungswert für

$$\int_a^b f(x)dx.$$

Mittels verschiedener Methoden kann man dieses Integral näherungsweise berechnen. Den Fehler einer Methode erhält man folgendermaßen:

$$\int_a^b f(x)dx = \int_a^b f(x)\ dx = Q(f) + E(f)$$

mit der Quadraturformel $Q(f)$ und dem Fehlerfunktional $E(f)$. Ziel ist es, dass $E(f)$ gegen 0 geht. Also gilt dann:

$$\int_a^b f(x)\ dx \approx Q(f).$$

Daran erkennt man das Prinzip der Quadraturverfahren. Wie oben erwähnt, wird die schwierig zu integrierende Funktion durch eine einfachere Integrandenfunktion ersetzt. Dies geschieht in Abhängigkeit von dem jeweiligen Verfahrens. Es gibt neben elementaren Methoden, wie Rechteckregel, Trapezregel und Mittelpunktregel, auch das so genannte Gauß- Quadraturverfahren. Letzteres soll im Folgenden erklärt werden.

2.1 Zur Gauß-Quadratur

Die Gauß- Formeln haben die Form $Q(f) = \sum_{i=1}^{n} \omega_i f(x_i)$, mit den Stützstellen x_i und den zugehörigen Gewichten a_i.

Die einfachste Gauß- Formel setzt sich also aus einer äquidistanten Zerlegung des Intervalls als Stützstellen und einfacher Gewichte zusammen.

Man kann Gauß- Formeln mit beliebiger Anzahl von Stützstellen konstruieren. Das dabei entstehende Gleichungssystem ist stets lösbar. Auf diese Art kann man Formeln mit beliebiger Anzahl von Stützstellen aufstellen. Für die Gauß- Formeln $G_n(f)$ gilt folgende Fehlerdarstellung:

$$\int_{-1}^{1} f(x)dx - G_n(f) = \frac{2^{2n+1}}{2n+1} \frac{(n!)^4}{(2n)!^3} f^{2n}(\xi),$$

wobei $\xi \in [-1, 1]$ eine (unbekannte) Zwischenstelle ist. $G_n(f)$ besitzt also die Fehlerordnung $2n$.

2.1.1 Gauß- Legendre- Quadratur

Zur Diskussion dieser Methode muss beachtet werden, dass die Gauß- Legendre- Quadratur im Intervall [-1,1] definiert ist. Dieses wird auf abgeschlossene Intervalle [a,b] verallgemeinern, also muss das Intervall [-1,1] auf [a,b] transformiert werden. Dies erfolgt so:

$$[-1, 1] \rightarrow [a, b]$$

$$g(t) = f(\frac{b-a}{2})t + (\frac{b+a}{2})$$

Dann kann man die Gauß- Legendre- Quadratur für ein Integral im Intervall $[a, b]$ auf beliebige Funktionen anwenden. Für ein einfacheres Nachvollziehen der Gauß- Legendre- Quadratur wird im Folgenden aber weiterhin das Intervall [-1,1] betrachtet. Die n Stützstellen der Gauß-Formeln entsprechen hier den n Nullstellen des so genannten n-ten Legendre- Polynoms.

2.1.2 Legendre- Polynome

Nun werden die Legendre- Polynome näher betrachtet. Die Legendre- Polynome sind orthogonale Polynome. Wie bereits erwähnt, sind die Stützstellen bzw. Knoten der Gauß- Legendreschen Quadraturformeln im Integrationsbereich [-1,1] die Nullstellen der Legendre- Polynome $P_n(x)$. Genau dann ist die Quadratur optimal. Diese Polynome erfüllen die Formel:

$$P_n(x) = \frac{1}{2^n n!} \frac{d^n}{dx^n}(x^2 - 1)^n$$

für $n \in \mathbb{N}_0$ ist dieser Ausdruck definiert. Es gilt:

$$P_n(-x) = (-1)^n P_n(x)$$

$$P_0(x) = 1, P_1(x) = x$$

$$P_n(1) = 1, P_n(-1) = (-1)^n \text{mit n= 0,1,2,3,...}$$

Die Legendre- Polynome erfüllen die Rekursionsformel:

$$P_n(x) = \frac{2n-1}{n} x P_{n-1}(x) - \frac{n-1}{n} P_{n-2}(x)$$

für alle $n \geq 2$.

Ebenso gilt die Orthogonalitätsbedingung mit $m, n \in \mathbb{N}_0$:

$$\int_{-1}^{1} P_n(x) P_m(x) dx = \left\{ \begin{array}{ll} 0 & \text{falls } m \leq n \\ \frac{2}{2n+1} & \text{falls } m = n. \end{array} \right.$$

Das n-te Legendre- Polynom besitzt im Intervall $[-1, 1]$ nur n einfache, reelle Nullstellen. Werden diese als Stützstellen gewählt, so gilt für die Quadraturformel:

$$G_n(f) = \sum_{i=1}^{n} \omega_i f(x_i)$$

mit den Stützstellen x_i. Diese entsprechen den einfachen n Nullstellen des jeweiligen Legendre-Polynoms. Die Formel exakt für alle Polynome mit einem Grad $m \leq 2n + 1$. Der Genauigkeitsgrad beträgt also $m = 2n + 1$. Die auftretenden Gewichte fallen stets positiv aus. Das wirkt sich in der Rechnung numerisch günstig aus, da keine Auslöschung auftreten kann. Die Koeffizienten ω_i, auch als Integrationsgewichte bezeichnet, sind für $i = 1, ..., n$ durch folgende Gleichung gegeben:

$$\omega_i = \int_{-1}^{1} (P_n(x))^2 dx = \int_{-1}^{1} \prod_{k=1, i \neq k}^{n} \frac{x - x_k}{x_i - x_k} dx > 0.$$

Sofern die n Stützstellen bekannt sind, kann man auch ein lineares Gleichungssystem für die n Gewichte zu den n Stützstellen lösen. Die Legendre- Polynome lassen sich folgendermaßen veranschaulichen:

Dieser Abbildung liegen die ersten vier Legendre- Polynome zugrunde:

$$P_0 = 1$$

$$P_1 = x$$

$$P_2 = \frac{3}{2}x^2 - \frac{1}{2}$$

$$P_3 = \frac{5}{2}x^3 - \frac{3}{2}x$$

$$P_4 = \frac{35}{8}x^4 - \frac{30}{8}x^2 + \frac{3}{8}$$

Mittels der Rekursionsformel für die Legendre- Polynome kann dies beliebig erweitert werden. Die Gauß- Formeln für $n = 1, 2, 3$ für $\int_{-1}^{1} f(x) dx$ lauten:

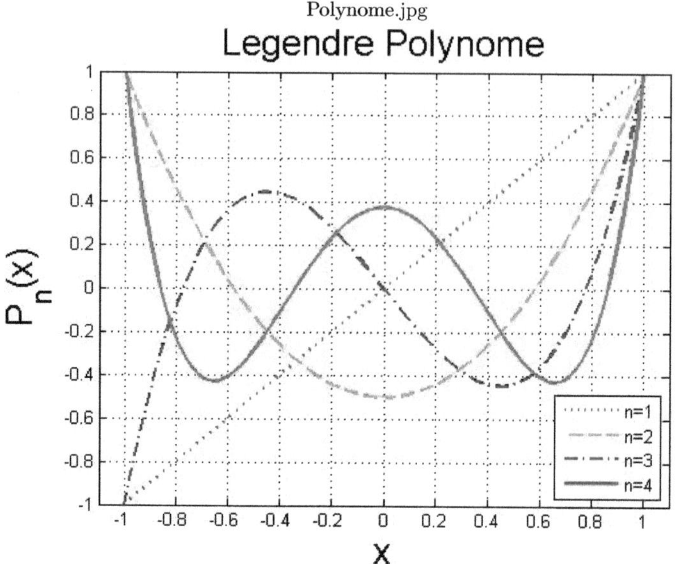

Abbildung 4: Darstellung der ersten vier Legendre- Polynome

$$n = 1 : G_1(f) = 2f(0)$$

$$n = 2 : G_2(f) = f(\frac{-1}{\sqrt{3}}) + f(\frac{1}{\sqrt{3}})$$

$$n = 3 : G_3(f) = \frac{5}{9}f(\sqrt{0,6}) + \frac{8}{9}f(0) + \frac{5}{9}f(\sqrt{3})$$

2.2 Zu den Anfangswertproblemen

Bei dieser Art der numerischen Integration wird zunächst ein beliebiges Integral in ein Anfangswertproblem (im Folgenden kurz: AWP) umgeformt. Die Methode des AWPs und ihre Verfahren, wie die beiden Euler [5]-Verfahren und das Runge- Kutta- Verfahren, beziehen sich üblicherweise nicht auf das numerische Lösen von Integralen, sondern eher auf das Berechnen von Diffenrentialgleichungen.
Mit der Definition eines AWPs wird jene Umformung aufgezeigt.
Gegeben ist eine Funktion $f : \mathbb{R}^2 \to \mathbb{R}$, ein Intervall $[a, b]$ und ein Anfangswert y_0.
Gesucht ist eine Funktion y vom Intervall $[a, b]$ in die reellen Zahlen mit:

$$y'(t) = f(t, y(t))$$

---

[5]Leonhard Euler, 1707 - 1783, schweizer Mathematiker

für alle $t \in [a, b]$ und $y(a) = y_0$. Dies bezeichnet man als gewöhnliche Differentialgleichung erster Ordnung, die häufig auch kurz durch $y' = f(t, y)$ dargestellt wird.

Das AWP beinhaltet beide eben beschriebenen Bedingungen. Das AWP besteht also darin, eine Lösung y der gewöhnlichen Differentialgleichung zu finden, die an der Stelle $t = a$ den vorgegebenen Wert annimmt.

Gezeigt wird dies nun am Beispiel:

$$\int_0^1 \frac{1}{1 + x^2} dx.$$

So erhält man mittels weniger Äquivalenzumformungen die gewünschte Darstellung als AWP:

$$\int y' = y = \int_0^1 \frac{1}{1 + x^2} dx$$

$$\Rightarrow y' = \frac{1}{1 + x^2}$$

$$\Rightarrow \int_0^1 y' \, dx = \int_0^1 \frac{1}{1 + x^2} dx$$

$$\Rightarrow y(1) - y(0) = \int_0^1 \frac{1}{1 + x^2} dx$$

da $y(0) = 0$ gilt:

$$\Rightarrow y(1) = \int_0^1 \frac{1}{1 + x^2} \, dx$$

2.2.1 Zum Runge- Kutta Verfahren

Das Verfahren

$$k_1 = f(t_n, y_n)$$

$$k_2 = f(t_n + \frac{h}{2}, y_n + \frac{h}{2} k_1)$$

$$k_3 = f(t_n + \frac{h}{2}, y_n + \frac{h}{2} k_2)$$

$$k_4 = f(t_n + \frac{h}{2}, y_n + \frac{h}{2} k_1)$$

$$\rightarrow y_{n+1} = y_n + \frac{h}{6}(k_1 + 2k_2 + 2k_3 + k_4)$$

mit $t_{n+1} = t_n + h$ wird als klassisches vierstufiges Runge - Kutta - Verfahren bezeichnet (im Folgenden kurz: RKV). Es besitzt die Konvergenzordnung p=4. Anschaulich erklärt heißt dies: Es wird am linken Randpunkt eines Teilintervalls P_0 mit der berechneten Steigung $f(x_i, y_i)$ bis

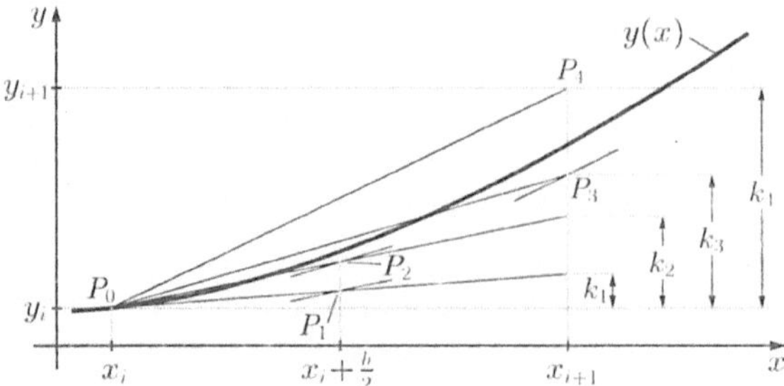

Abbildung 5: Veranschaulichung des Prinzips des RKV

zur Mitte des Teilintervalls $x_i + \frac{h}{2}$ gegangen. Dort wird die Steigung im Punkt P_1 ($x_i + \frac{h}{2}, y_i + \frac{h}{2}f(x_i, y_i)$) berechnet, die man in der Form

$$\frac{k_2}{h} = f(x_i + \frac{h}{2}, y_i + \frac{k_1}{2})$$

mit $k_1 = h * f(x_i, y_i)$ schreibt. Nun geht man erneut mit der neuen Richtung vom linken Randpunkt bis zum Punkt P_2 in der Mitte des Intervalls. Die Koordinaten von P_2 sind ($x_i + \frac{h}{2}, y_i + \frac{k_1}{2}$). Mit der in diesem Punkt berechneten Steigung $f(x_i + \frac{h}{2}, y_i + \frac{k_1}{2}) = \frac{k_3}{h}$ geht man nun vom linken Randpunktbis zum Punkt P_3, dessen Koordinaten ($x_i + h, y_i + k_3$) sind. Auch mit dieser Steigung geht man von P_0 aus zum Punkt P_4, dadurch wird das ganze Teilintervall überbrückt. Die Koordinaten von P_4 lauten (($x_i + h, y_i + k_4$)). Die Gewichtung 2 in den Punkten der Teilintervallmitten resultieren aus den Betrachtungen des Polygonzugverfahrens, bei dem deutlich wird, dass die Werte in den Intervallmitten stets zu besseren Ergebnissen führen. Daher erhalten die beiden in der Mitte berechneten Steigungen in der Mittelwertsbildung den Faktor 2.

Weiter kann man das allgemeine s-stufige RKV definieren, denn ein allgemeines explizites s-stufiges RKV ist gegeben durch die Formeln:

$$k_i = f(t_n + c_i h, y_n + h * \sum_{j=1}^{i-1} a_{ij} k_j) \text{für } i = 1, .., s$$

$$\rightarrow y_{n+1} = y_n + \sum_{j=1}^{i-1} b_{ij} k_j.$$

Hierbei ist s die Stufenzahl und a_{ij}, b_{ij}, c_i sind Konstanten. Die Konsistenz und Konvergenzordnung hängt von der Wahl dieser Konstanten ab.

Da die Funktion f in der expliziten Form $y' = f(x, y)$ nur von x und nicht von y(x) abhängig ist, gilt $k_2 = k_3$ und somit:

$$y_{n+1} = y_n + \frac{h}{6}(k_1 + 4k_2 + k_4).$$

Das heißt, dass sich das RKV mit der Simpsonregel (als Spezialfall der Kepler- Faßregel) in diesem Fall gleicht, daher wird diese für einen Wert explizit berechnet.

2.2.2 Simpson- Regel

Die Simpsonregel, bezogen auf das abgeschlossene Intervall [a,b], wird wie folgt dargestellt:

$$I_{simpson} = \frac{b-a}{6}(f(a) + 4f(\frac{a+b}{2}) + f(b)).$$

2.2.3 Zur MATLAB- Routine *ode*45

Diese Routine ist ein in MATLAB eingebettetes RKV nach Dormand und Prince. Es stellt ein Einschrittverfahren mit Schrittweitensteuerung dar. Es soll die Konvergenzordnung 4.5 aufweisen.

3 Implementierungen

Zur Programmierung der Gauß- Quadratur und des RKV ist es notwendig, mehrere m- Files anzufertigen. In diesem Zusammenhang soll auch eine Betrachtung der Probleme, die während der Programmierung auftraten, erfolgen. Mittels des Befehls *help*... (mit dem jeweiligen Namen des m- Files) lassen sich die jeweiligen Eingabeparameter und die Berechnungen nachvollziehen.

3.1 Analytische Lösung

```
function I=Anaval(a,b)
format long;
f = inline('1./(1.+(x.^2))') ');
tic;
I=quadl(f, a, b);
toc;
end
```

Die Funktionen werden je nach Beispiel in den jeweiligen m- Files definiert. Diese implementierte Funktion berechnet bis auf die 8te Dezimalstelle genau die analytische Lösung mit der in MATLAB integrierten Routine $quadl(f, a, b)$ (Berechnung mittels Gauß- Lobatto- Quadratur). Es wird die MATLAB- Routine $quadl(f, a, b)$ benutzt, da diese genauere Werte liefert als $quad(f, a, b)$. Letztere wird daher nicht weiter betrachtet. $Quadl(f, a, b)$ berechnet das Integral über einem Intervall [a,b], wobei die Funktion in diesem Intervall für die korrekte Ausführung der m- Files definiert sein muss. Die Eingabeparameter sind also lediglich die Intervallgrenzen des abgeschlossenen Intervalls [a,b], über das integriert werden soll.

Aufgrund der hohen Anzahl von Dezimalstellen und den sich daraus ergebenden, besseren Vergleichmöglichkeiten wurde das Format *long* ausgewählt. Eine weitere Vergleichsbasis stellt die Prozesszeit der Berechnungen dar. Diese wird durch die Befehle *tic* (Zeit wird gestartet) und *toc* (Zeit wird gestoppt) aufgenommen. Dies gilt auch für die folgenden m- Files.

3.2 Einfachen Gauß- Quadratur

```
function I = gausseinfval(a,b,n)
format long;
```

```matlab
f = inline('1./(1.+(x.^2))');
tic; \newlineh    = (b-a) / n ;
stst = a+h/2 : h : b-h/2 ;
stwe = f(stst);
I    = sum (f(stst(1:n)))*h;
toc;
end
```

In dieser simplen Form der Gauß- Quadratur erfolgt eine äquidistante Zerlegung des Intervalls [a,b] mit der Schrittweite h. So entstehen $n + 1$ Stützstellen und daraus resultierend n Teilintervalle mit einer Breite h. Es wird ein Vektor der Stützstellen *stst* aufgestellt. Die Zerlegung von [a,b] wurde derart implementiert, dass das Ergebnis der Formel nicht zur sehr von dem analytischen Wert abweicht. Auf diese Weise entstand aus einer äquidistanten Zerlegung eine Zerlegung folgender Form:

$$a + \frac{h}{2}, a + \frac{3h}{2}, \ldots, b - \frac{h}{2}.$$

$\frac{1}{h}$ stellt die Gewichtung dar und wird multipliziert mit den Funktionswerten asugewertet an den Stützstellen. Diese Einträge werden anschließend summiert. So erhält man den Wert des approximierten Integrals.

3.3 Gauß- Legendre- Quadratur

```matlab
function I = gausslegval(a,b,n)
format long;
f =inline('1./(1.+(x.^2))');
tic;
[x,w] = lgwt(n,a,b);
sum = 0;
    for i=1:n
        sum = (w(i) * f((x(i)))) + sum ;
    end
I = sum;
toc;
end
```

Bei der genauen Gauß- Quadratur dienen die Nullstellen der Legendre- Polynome als Stützstellen. Die Legendre- Polynome werden mittels Koordinatentransformation auf das entsprechende Integrationsintervall (siehe Kapitel 2.1) transformiert. Die Stützstellen und die jeweiligen Gewichte werden aufgrund der Implementierung der Legendre- Polynome und deren Nullstellen mit einem m-File von [5][6] berechnet und gespeichert.
Nachdem die Stützstellen und Gewichte von lgwt.m berechnet und abgespeichert wurden, erfolgt eine Summation der Produkte aus Gewicht und Stützstelle. Daraus resultiert die Ausgabe des approximierten Integrals.

---

[6]Dieses m- File wurde aufgrund einer Vielzahl von Problemen genutzt. Diese Probleme beziehen sich auf die Darstellung der Polynome in MATLAB über Vektoren, die die Koeffizienten enthalten. Diese sollen aber erhalten werden und da funktioniert über die Nullstellen, die aber wiederum gesucht sind.

3.3.1 Erläuterung zu lgwt.m

```
function [x,w]=lgwt(N,a,b)
N=N-1;
N1=N+1; N2=N+2;
xu=linspace(-1,1,N1)';
y=cos((2*(0:N)'+1)*pi/(2*N+2))+(0.27/N1)*sin(pi*xu*N/N2);
L=zeros(N1,N2);
Lp=zeros(N1,N2);
y0=2;
while max(abs(y-y0))>eps
    L(:,1)=1;
    Lp(:,1)=0;
    L(:,2)=y;
    Lp(:,2)=1;
    for k=2:N1
        L(:,k+1)=( (2*k-1)*y.*L(:,k)-(k-1)*L(:,k-1) )/k;
    End;
    Lp=(N2)*( L(:,N1)-y.*L(:,N2) )./(1-y.^2);
    y0=y;
    y=y0-L(:,N2)./Lp;
end;
x=(a*(1-y)+b*(1+y))/2;
w=(b-a)./((1-y.^2).*Lp.^2)*(N2/N1)^2;
```

Diese Funktion wurde benutzt, um die Stützstellen und jeweiligen Gewichte für die Gauß-Legendre- Quadratur zu berechnen. Die genutzte Vandermondematrix kann bei der Polynominterpolation Anwendung finden.

Die Legendre-Polynome bis zum Grad n besitzen die Darstellung

$$P_j(x) = \sum_{i=0}^{n} P_j(x_i)\pi_i(x)$$

Mit Einführung der verallgemeinerten Vandermonde-Matrix $V_{i,j} = P_j(x_i)$ gilt

$$P_j(x) = \sum_{i=0}^{P} V_{i,j}\pi_i(x)$$

bzw. anders ausgedrückt

$$P(x) = V^T\pi(x)$$

in Matrix-Notation. Die Vandermondematrix hat dabei folgende Form:
$$\begin{pmatrix} 1 & x_1 & x_1^2 & \dots & x_1^{n-1} \\ 1 & x_2 & x_2^2 & \dots & x_2^{n-1} \\ \dots & \dots & \dots & \dots & \dots \\ 1 & x_n & x_n^2 & \dots & x_n^{n-1} \end{pmatrix}.$$

Dies wird dann genutzt, um ein Gleichungssystem aufzustellen der Form $V * a = f$ (mit den Koeffizienten des Polynoms im Vektor a und den zugehörigen Funktionswerten f), das die gesuchten Nullstellen der Polynome als Lösungsmenge besitzt, berechnet. Soweit zur kurzen Erläuterung dieses Skriptes.

3.4 Klassisches, vierstufiges Runge- Kutta- Verfahren

```
function dgl = f(t,u)
dgl  = (1/(1+t^2))+0*u;
end
```

Es wird eine Differentialgleichung definiert. Auf diese wird *ode45* und vergleichsweise das programmierte RKV angewendet.

```
function I = rkvval(a,b,s,n)
format long;
tic;
t=linspace(a,b,n);
h = (b-a)/(n-1);
y0=s;
y(1) = y0;
    for i=2:n
        k1 = f(t(i-1), y(i-1));
        k2 = f(t(i-1) + h/2, y(i-1) + (h/2)*k1);
        k3 = f(t(i-1) + h/2, y(i-1) + (h/2)*k2);
        k4 = f(t(i-1) + h, y(i-1) + h*k3);
        y(i)=y(i-1) + (h/6)*(k1 + 2*k2 + 2*k3 + k4);
    end;
```

Diese Funktion berechnet das klassische vierstufige Runge- Kutta- Verfahren als Lösung von der gegebenen Differentialgleichung.

Das für den Vergleich relevante Ergebnis der *ode45* wird folgendermaßen berechnet:
Es wird ein Startwert mit y0=[a]; definiert. Das Integrationsintervall $[a, b]$ wird äquidistant mit $tspan = a : h : b$ mit der Schrittweite h zerlegt. Mit $[t, u] = ode45(@f, tspan, u0)$ erhält man das Ergebnis.

3.5 Simpsonregel

```
function I = simpsval(a,b)
format long;
f =inline('sin(x)');
tic;
h=(b-a)/2;
stst = a : h : b ;
I = h/3 *((f(stst(1))+4*f(stst(2))+f(stst(3)))) ;
toc;
end
```

Da das AWP der Beispiele 1, 2 und 3 nur abhängig von x, aber nicht von $y(x)$, ist gleichen sich die Koeffizienten k_2 und k_3 mit der Gewichtung von jeweils 2. Das so entstandene Verfahren entspricht der Simpsonregel (als Spezialfall der Kepler [7] -schen Fassregel), womit die Implementierung dieser begründet ist. Dies dient der Kontrolle, ob das RKV mit 3 Stützstellen das Integral korrekt bestimmt. Es erfolgen elementare Berechnungen. Sowohl die Anzahl der

---

[7] Friedrich Johannes Kepler, 1571 - 1630, deutscher Naturphilosoph, evangelischer Theologe, Mathematiker, Astronom, Astrologe und Optiker

Stützstellen $n+1$ und die Schrittweite h, als auch die Stützstellen *stst* und die Stützwerte *stwe* wurden wie dargestellt berechnet. Anschlie{ssend wird die Simpsonregel mit einer for- Schleife berechnet.

4 Vergleich der Verfahren

Als Vergleichsebenen fungieren die Genauigkeit des Verfahrens und die Effizienz, d.h. die Anzahl der Operationen und die dafür benötigte Zeit.

4.1 Beispiel 1

$$\int_0^1 \frac{1}{1+x^2}\,dx$$

Stützstellen		gausseinfval	gausslegval	rkvval
2	Ergebnis	0,80000000	0,80000000	0
	Fehler	0,01460184	0,01460184	0,78398164
	Rechenzeit	0,000226	0,000309	0,000067
3	Ergebnis	0,79058824	0.78688525	0,78333333
	Fehler	0,00519007	0,00148709	0,00206483
	Rechenzeit	0,000234	0,000754	0,000129
4	Ergebnis	0,78771230	0,78526703	0,78539216
	Fehler	0,00231414	0,00013113	0,000006
	Rechenzeit	0,0020324	0,00032367	0,000137
5	Ergebnis	0,78670013	0,78540298	0,78539795
	Fehler	0,00130197	0,00000482	0,00000021
	Rechenzeit	0,00027425	0,001041	0,000142
8	Ergebnis	0,78582333	0,78539816	0, 78539816
	Fehler	0,00042517	0	0
	Rechenzeit	0,000237	0,001512	0,000160
10	Ergebnis	0,78565536	0,78539816	0, 78539816
	Fehler	0,0002572	0	0
	Rechenzeit	0,000235	0,000148	0,000158
15	Ergebnis	0,78550446	0,78539816	0,78539816
	Fehler	0,0001063	0	0
	Rechenzeit	0,0002836	0,001898	0,000158
20	Ergebnis	0,78545587	0,785398163	0,78539816
	Fehler	0,00000868	0	0
	Rechenzeit	0,0002836	0,002678	0,000176
50	Ergebnis	0,78540684	0,785398163	0,78539816
	Fehler	0,00000868	0	0
	Rechenzeit	0,000266	0,008785	0,000223

Die Ergebnisse aller Verfahren werden mit zunehmender Stützstellenanzahl genauer. Das RKV ist in diesem Beispiel am genauesten. Die beiden Gauß- Formeln stehen sich konträr gegenüber:

Die Berechnungen mittels der einfachen Gauß- Formel sind mit enormen Fehlern behaftet, während die gauslegval bedeutend genauer arbeitet. Das implementierte RKV führt die Berechnungen am schnellsten aus. Die einfache Gauß- Formel approximiert das Integral schneller als die Gauß- Legendre- Formel. Dass das Ergebnis des RKV mit dem der Simpsonregel übereinstimmt, ist aufgrund der Ausführung von simpsval.m erkennbar. [8]

4.2 Weitere gewählte Beispiele

4.2.1 Beispiel 2

$$\int_0^1 \sin(x)dx$$

Stützstellen		gausseinfval	gausslegval	rkvval
2	Ergebnis	0,47942554	0,47942554	0
	Fehler	0,01972785	0,01972785	0,45969769
	Rechenzeit	0,000191	0,000283	0,000080
3	Ergebnis	0,46452136	0,45958781	0,45986219
	Fehler	0,00482367	0,00010988	0,0001645
	Rechenzeit	0,000190	0,000673	0,000147
4	Ergebnis	0,46183284	0,45969793	0,45970774
	Fehler	0,00213515	0,00000024	0,00001005
	Rechenzeit	0,000195	0,000768	0,000138
5	Ergebnis	0,46089700	0,45969769	0,45969967
	Fehler	0,00119932	0	0,00000198
	Rechenzeit	0,000199	0,000903	0,000142
10	Ergebnis	0,45993425	0,45969769	0,45969773
	Fehler	0,00023656	0	0,00000004
	Rechenzeit	0,000201	0,001634	0,000155

MATLAB rechnet in Radiant. Ebenso wie im Beispiel 1 ist das RKV am schnellsten, gefolgt von gauseinfval und gauslegval. In Bezug auf die Genauigkeit treten allerdings andere Verhältnisse auf: Die Approximation des Integrals durch Gauß- Quadratur mittels Legendre- Polynome gibt den genauesten Wert an. Dann folgt das RKV. Den schlechtesten Wert gibt die einfache Gauß- Formel aus. [9]

4.2.2 Beispiel 3

$$\int_0^1 e^x dx$$

---

[8]Man erhält mit der Simpsonregel das Ergebnis 0.783333333333333 mit drei Stützstellen und mit *ode*45 das Ergebnis 0.785398163863257. Letzteres liefert unabhängig von der Anzahl der Stützstellen das gleiche Ergebnis.

[9]Auch hierbei gleicht sich das Ergebnis von simpsval.m (0.45986219) mit dem des RKV bei 3 Stützstellen. Die MATLAB- Routine *ode*45 liefert das Ergebnis 0.459697694118469 und ist damit unabhängig von der Anzahl der Stützstellen weitaus genauer und schneller.

Stützstellen		gausseinfval	gausslegval	rkvval
2	Ergebnis	1,64872127	1,64872127	0
	Fehler	0,06956056	0,0695056	1,71828183
	Rechenzeit	0,000199	0,000289	0,000062
3	Ergebnis	1,70051271	1,71789638	1,71886115
	Fehler	0,01776911	0,00038545	0,00057932
	Rechenzeit	0,000201	0,000968	0,000134
4	Ergebnis	1,71035252	1,71828100	1,71831884
	Fehler	0,00792931	0,00000083	0,00003701
	Rechenzeit	0,000207	0,001025	0,000143
5	Ergebnis	1,71381528	1,71828183	1,71828917
	Fehler	0,00446655	0	0,00000734
	Rechenzeit	0,000196	0,001046	0,000157
10	Ergebnis	1,71739826	1,71828183	1,71828197
	Fehler	0,00088357	0	0,00000017
	Rechenzeit	0,000267	0,001912	0,000164

Bei diesem Beispiel gleichen die Verhältnisse denen aus Beispiel 2.[10]

4.2.3 Beispiele für Berechnung von gewöhnlichen Differentialgleichungen

Zum Beispiel 4:

$$y' = x^{1/2} - y(x)^{1/2}$$

mit dem Anfangswert $y_0 = 1$. Gesucht ist y_1. Das Ergebnis lautet nach $ode45$: 0,768207269822445.

Stützstellen		rkvval
2	Ergebnis	1
	Fehler	0,231792730177555
	Rechenzeit	0,000060
3	Ergebnis	0,762219524519897
	Fehler	0,005987745302548
	Rechenzeit	0,028543
4	Ergebnis	0,763127292394566
	Fehler	0,005079977427879
	Rechenzeit	0,000125
5	Ergebnis	0,765364153924613
	Fehler	0,002843115897832
	Rechenzeit	0,000141
10	Ergebnis	0,767690535444502
	Fehler	0,000516734377943
	Rechenzeit	0,000209

Das selbstprogrammierte RKV weist relativ große Abweichungen zum Ergbenis, das $ode45$ liefert, auf. Es ist also eine hohe Anzahl an Stützstellen nötig, um den Fehler beliebig klein zu

---

[10]Die implementierte Simsponregel liefert wieder das Ergebnis des RKV mit 3 Stützstellen. $ode45$ ist wieder schnell und genau mit dem Ergebnis 1.718281828436715.

halten.

Zum Beispiel 5:

$$y' = \frac{1}{8}xy(x)$$

mit dem Anfangswert $y_0 = 2$. Gesucht ist y_3. Dieses Ergebnis lautet nach $ode45$: 3,510109314302464.

Stützstellen		rkvval
2	Ergebnis	2
	Fehler	1,510109314302464
	Rechenzeit	0,000061
3	Ergebnis	3,500732421875000
	Fehler	0,009376892427464
	Rechenzeit	0,015251
4	Ergebnis	3,509445088601069
	Fehler	0,000664225701395
	Rechenzeit	0,000130
5	Ergebnis	3,509976668154201
	Fehler	0,000132646148263
	Rechenzeit	0,000132
10	Ergebnis	3,510106875329713
	Fehler	0,000002438972751
	Rechenzeit	0,000139

Das selbstprogrammierte RKV weist auch hier kleine Abweichungen auf. Diese Fehler sind aber geringfügiger als im Beispiel zuvor. Dennoch ist ebenfalls eine hohe Anzahl an Stützstellen notwendig, um den Fehler beliebig klein zu halten.

5 Fazit

Die Gauß- Legendre- Quadratur ist durchaus, wie das RKV, geeignet, um Integralabschätzungen vorzunehmen. Die einfache Gauß- Formel neigt zu sehr fehlerbehafteten Ergebnisse und ist daher für genaue Berechnungen ungünstig. Die programmierten Skripte erreichen nicht die Genauigkeit der MATLAB- Routine $ode45$, welche schnell und äußerst präzise mit wenigen Eingabeparametern und wenig Stützstellen das Integral auf mehr als 8 Dezimalstellen genau berechnet. Mit den Stützstellen x_i, die den einfachen n Nullstellen des jeweiligen Legendre-Polynoms entsprechen, ist die Gauß- Legendre- Quadratur für alle Polynome mit einem Grad $m \leq 2n + 1$ exakt. Gauslegval erreicht diese Genauigkeit nicht.

6 Schlussfolgerungen

Der Fakt, dass sich angehende Lehrkräfte sich mit Programmiersprachen und Texterstellungsprogrammen wie LaTex auskennen sollten, ist nachvollziehbar, denn so können schnell und einfach Aufgaben berechnet und auch Aufgabenzettel korrekt erstellt werden. Zugegeben ist das Erstellen von Texten mittels LaTex anfangs schwerfällig und zeitaufwendig. Doch schnell überzeugt dieses Programm durch seine gute Strukturierung und nach einigen Phasen der Gewöhnung einfache Handhabung. Es ist ein Persönliches Ziel geworden, den Umgang mit

LaTex ebenso wie mit MATLAB zu üben. Denn die Programmierung der m- Files und die Texterstellung mit LaTex nahmen ein enormen Anteil der Bearbeitungszeit ein. Zusätzlich ist dem Student eine Möglichkeit gegeben, mathematische Problemstellungen eigenverantwortlich zu lösen und Herangehensweisen zu erproben.

Literatur

[1] Reimer, Manfred *Grundlagen der numerischen Mathematik II* , Akdemische Verlagsgesellschaft, Wiesbaden, 1982

[2] Schwetlick, Hubert und Kretschmar, Horst *Numerische Verfahren für Naturwissenschaftler und Ingenieure* , Fachbuchverlag, Leipzig, 1991

[3] Weller, Friedrich *Numerische Mathematik für Ingenieure und Naturwissenschaftler* , Viewegs- Verlag, Braunschweig, Wiesbaden, 1996

[4] Zurmühl, Rudolf *Praktische Mathematik für Ingenieure und Physiker* , Springer- Verlag, Berlin,Heidelber, 1984

[5] http://www.mathworks.com/matlabcentral/fileexchange/26156-sound-power-directivity-analysis, 13.05.2010, 14:12Uhr